身边的科学真好玩

因特网，世界因你而小

You Wouldn't Want to Live Without Internet!

第3辑

[英] 安妮·鲁尼　文
[英] 马克·柏金　图
潘晨曦　译

ARTTIME
时代出版

时代出版传媒股份有限公司
安徽科学技术出版社

[皖]版贸登记号：12151556

图书在版编目（CIP）数据

因特网，世界因你而小/（英）鲁尼文；（英）柏金图；潘晨曦译. —合肥：安徽科学技术出版社，2016.10（2017.6重印）

（身边的科学真好玩）

ISBN 978-7-5337-6970-3

Ⅰ.①因…　Ⅱ.①鲁…②柏…③潘…　Ⅲ.①互联网络-儿童读物　Ⅳ.①TP393.4-49

中国版本图书馆 CIP 数据核字（2016）第 090074 号

You Wouldn't Want to Live Without Internet! ©The Salariya
Book Company Limited 2016
The simplified Chinese translation rights arranged through
Rightol Media（本书中文简体版权经由锐拓传媒取得
Email：copyright@rightol. com）

因特网，世界因你而小　　　　　[英]安妮·鲁尼 文　[英]马克·柏金 图　潘晨曦 译

出 版 人：丁凌云　　　选题策划：张　雯　　　责任编辑：张　雯
责任校对：盛　东　　　责任印制：李伦洲　　　封面设计：武　迪
出版发行：时代出版传媒股份有限公司　　http://www. press-mart. com
　　　　　安徽科学技术出版社　　　　　　http://www. ahstp. net
　　　　　（合肥市政务文化新区翡翠路 1118 号出版传媒广场，邮编：230071）
　　　　　电话：(0551)63533323
印　　制：合肥华云印务有限责任公司　　　电话：(0551)63418899
（如发现印装质量问题，影响阅读，请与印刷厂商联系调换）

开本：787×1092　1/16　　　印张：2.5　　　字数：40 千
版次：2017 年 6 月第 3 次印刷

ISBN 978-7-5337-6970-3　　　　　　　　　定价：15.00 元

因特网大事年表

1822 年

查尔斯·巴贝奇开始设计世界上第一台可编程计算机,他称之为差分机。

1963年

首次使用计算机能够识别的数字编码,即ASCII码来代替字符。

1971 年

雷·汤姆林森发送了世界上第一封电子邮件;令人啼笑皆非的是,他竟然忘记了邮件的内容!

1866年

世界上首次成功采用无线电发射技术发送摩斯密码。

1969年

先于因特网,阿帕网传递了世界上第一条网络信息。

1944年

巨人计算机——世界上第一台电子数字可编程计算机,在英国布莱切利园开始了它的使命,并成功破译了德国军事通信密码。

1999年

世界上第一部大众智能手机发布，人们在移动中也能连接因特网。

1989年

蒂姆·伯纳斯–李提出了万维网的概念。

2005年

"谷歌地球"在因特网上为用户提供免费、可缩放的世界地图。

1993年

网页浏览器Mosaic使网页走向普通大众。

2015年

在国际空间站，宇航员根据来自地球的电邮文件，利用3D打印技术制造出一把扳手。

1977年

苹果 II 型电脑成为世界上第一台面向大众市场的个人计算机。

2004年

"互联网 2.0"的新篇章开启，允许网络用户创建他们自己的网页内容。

全世界都在使用因特网！

各大洲使用因特网的人数比例

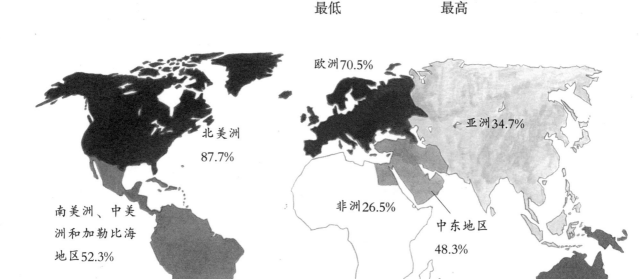

欧洲70.5%

亚洲34.7%

北美洲
87.7%

南美洲、中美
洲和加勒比海
地区52.3%

非洲26.5%

中东地区
48.3%

大洋洲地区
72.9%

在你居住的地方有多少人使用因特网呢？

在亚洲，13.86亿人使用因特网。但是，这仅占亚洲庞大人口数量的约三分之一（34.7%）。

在北美洲，87.7%的人口——3.1亿人在使用因特网。

在欧洲，70.5%的人口——几乎每4个人中就有3个人在使用因特网，使用人数达到了5.82亿人！

在大洋洲，72.9%的人口——2 680万人使用因特网；中东地区的用户达1.12亿人；南美洲、中美洲包括加勒比海地区在内，有3.02亿用户。

目前，非洲的因特网使用率最低，那里每4个人中仅有1个人能够接触因特网，占人口的26.5%，约2.98亿人。

（2014年更新的数据）

作者简介

作者：

安妮·鲁尼，曾在英国剑桥大学学习英语，获得哲学博士学位。她在几所英国大学任过教职，目前是剑桥大学纽纳姆学院的皇家艺术基金会成员。安妮已经出版150多本儿童及成人图书，其中几本的内容是有关科学及医学史的，她也创作儿童小说。

插图画家：

马克·柏金，1961年出生于英国的黑斯廷斯市，曾在伊斯特本艺术学院读书。柏金自1983年后便开始专门从事历史重构以及航空航海方面的研究。柏金与妻子和三个孩子现在住在英国的贝克斯希尔。

目　录

导 读

如果你想知道非洲食蚁兽是什么样子,怎样制作万花筒,哪个星球或卫星最有可能居住着外星人,你会去哪里查找资料? 很可能是去网上!

过去的20多年,因特网,尤其是万维网,已经成为我们找寻信息的首选之地。我们在网上不仅仅是搜寻信息,还有看视频、看电视节目的重播、社交、购物、和朋友在网上闲逛、秀照片……可以做的事情数不胜数。我们可以通过台式电脑、笔记本电脑、平板电脑、手机,甚至手表上网。你能过没有因特网的生活吗? 你愿意这么做吗? 你敢尝试吗?

安全上网

上网前,请阅读第28页关于网络安全知识的小贴士。

别担心,你还是可以查阅书籍的!

因特网究竟是何方神圣?

电影院
(在线视频)

街头演讲者
(博客)

开卷有益

书店
(电子图书商城)

因特网和网页有什么不同?它们太容易让人混淆。因特网是由相互联系的计算机构成的物理网络;而网页是那些计算机上存放着的大量链接文件。当我们分享、复制、查看和移动信息的时候,网络活动变得异常繁忙,就像蜜蜂忙着采蜜一样。这些活动生生不息,有时网络的某些部分超载严重,整个网络不得不减速,就像遭遇一次严重的数据交通堵塞。

因特网不仅仅是网页的家,各种类型的数据也都在因特网上流动传输。当你发出一封电子邮件或者一条即时信息,在云存储器上存储一份文件,或者用游戏机玩在线游戏时,你都在使用因特网。

为了在因特网上**驰骋**,信息要变成一串串的数字。当这些数字到了接收端,就会被那里的计算机再变回有意义的信息。当然啦,你是看不到那些数字的。

就如同**高速公路**一样,因特网有通向每个地方的不同道路。有时候,因特网真的超级拥堵!

邮局(电子邮件服务提供商)

超市
(在线零售商)

大市场

仓库(在线文件存储)

图书馆
(搜索引擎)

非正式会议
(社交网络)

尝试一下!

因特网用电缆和无线电波将计算机联系起来。家里的"猫"(调制解调器)接入了地下铺设的有线网络。你的电话、平板电脑和其他设备通过无线电波和"猫"进行无线通信。

你可以将因特网想象成一个**虚拟的数据道路**网络——信息高速公路!数以百万计的信息包嗖嗖地穿梭于"四面八方"。

路由器就好比信息高速公路上的交通警察,为因特网上的数据指挥方向,使用最佳路径来避免堵塞和冲突。

服务器是非常强大的计算机。它们存储着信息,并在这些信息被需要的时候将其发送出去——就如同仓库将人们订购的货物发出去一样。

文件被分割并成块地传输,到了接收端再被重新拼接在一起。这个过程就像打乱一个七巧板,再把每个部分分别寄给一个朋友。

我们能在因特网上做什么？

你几乎可以在任何一个地方使用因特网，高至山顶，远至海洋中的一艘船上——只要你拥有一个能够上网的设备。在这个世界，这样的设备可是多如牛毛啊。

倚靠着因特网的臂弯，我们迅速成长。我们的娱乐、通信、购物、储蓄，健康保健、新闻获取、政务处理都要依靠它——这些方方面面确保我们的社会顺畅运转。事实上，这个问题更像是在问"我们不能在因特网上做什么"！

在网上，**你几乎可以买到任何一样东西**，从一块陨石到一只老虎（这件事最好先问问你父母是否同意）。大多数人还是接受在网上购买书籍、游戏、衣服、食品、旅游产品和音乐。

棒极了！
人人有份！

你也能行！

你的家里有多少上网的设备？计算机、笔记本电脑、平板电脑、电话、游戏机？把它们列一张表。你都用它们做什么？你会有差别地使用每种设备吗？

你喜欢看什么，听什么？无论喜欢什么，你都会在网上的某个地方寻觅到它。想看树懒宝宝嬉戏？网络摄像为你呈现。想听蒙古歌谣(呼麦*)？没问题！错过了上周喜欢的电视节目？因特网就是你的时光机！

*注：蒙古族人创造的一种歌唱艺术。

你可以独自玩网络游戏，也可以和住在街尽头的朋友，甚至和世界另一端的人们一起玩网络游戏。

如果你想学习学校授课以外的课程，比如因纽特语或者吉他弹奏，网上都会有课程。你也可以在网上寻求帮助，解决家庭作业的难题。

你可以在世界任何地方和你的朋友、家人上网聊天。或者，用博客和微博与大众分享你感兴趣的事。

是不是没有人相信你的宠物狗会玩滑板？在社交媒体上发一段视频或者共享一个文件网页，人们会自己去发现它的！

从前我们是怎样分享信息的?

在因特网出现之前,世界可不是一个信息真空的世界。数千年以来,人们都用谈话的方式交流,然后衍生出文字。正是文字,让你可以和不在身边的人沟通。印刷让信息交流变得更加容易。接着,人类发明了无线电广播和电视,使我们能够看到远在天边的人,并听到他们说话。现在,我们甚至能够看到来自太空和其他星球的直播视频。看!走过漫漫长路,通信技术取得了如此大的进步!

阅读真正流行起来,是在1450年约翰内斯·古登堡发明了欧洲第一台印刷机之后。一夜之间,印刷的书籍遍布大街小巷。

螺杆

印刷工取走
印刷好的纸张

印刷工正在
涂墨压印板

排字工正在排版

压印盘

最古老的文字是用一种特殊的棍子写在泥板上，这种棍子被称作"尖笔"，出现在5000多年前古老的苏美尔地区。现在我们"返璞归真"，不过，现在我们是用触控笔在平板电脑上书写！

重要提示！

可别忽略古老的通信方式，它们依然管用！使用电脑，但也要坚持阅读纸质书籍、书写、和人们面对面交谈哦。

数百年间，人们都在用鹅毛笔书写。鹅毛笔每蘸一次墨水只能写几个字，所以要写出一本书，那可是一场持久战呢。

广播诞生于1866年，但最初它只是用于发送摩斯密码——用点和划编码的字母。世界上第一条语音广播于1906年从美国马萨诸塞州发出。

电视到1920年才出现，而且最初它还只是黑白画面的！

世界上**第一个活字**诞生于1000多年前的中国。中国文字有上千个汉字，印刷工用一个个独立的木块制作成汉字的活字。

看,极客来了!

想象一下,如果每一次计算都需要你手动完成,那要花多久?这就是人类发明自动计算机的原因。其实,每一次都要准确告诉机器做什么也是一件繁冗无聊的事情。所以,对于这个头疼的问题,解决的办法就是编程——准备一个指令列表让机器执行,然后就让它去完成任务吧!

第一台可编程机器是一台可以在布料上织出花型的织布机。现在,多如牛毛的机器,当然包括织布机,都能各自独当一面,它们都是由计算机和程序控制。

十几岁的青少年总会成为"极客"(电脑发烧友)。1642年,年仅19岁的布莱士·帕斯科就开始使用他发明的世界上第一台机械式计算器——帕斯科加法器。

真是惊人的准确!

查尔斯·巴贝奇有了更棒的主意!19世纪20年代,他设计了第一台可编程计算机,或者称为差分机。可惜的是,当时他没能募集到足够的资金建造它。最终在2002年,这台差分机在伦敦科学博物馆被建造出来。这台差分机是机械的,不使用电。

穿孔卡片"链"

程序是计算机需要执行的很长的指令列表。一个网页浏览器包含约5000万条指令——如果你把这些指令打印出来的话，需要90万张纸！

啊~喔！

1801年，提花机根据打孔机编码的程序进行工作。早期的电子计算机也是如此。

编码破译要从计算机学说起。第一台可编程计算机是巨人计算机（右图），它在英国布莱切利园被建造完成，在二战中成功破译了德国军事密码。

数学神童阿达·洛芙莱斯为巴贝奇的机器编写程序，但是这些程序从来没有被测试过。

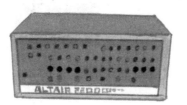

第一台个人计算机——"牛郎星"没有显示屏、键盘和鼠标，它只有灯和开关，当然也没有视频！

鼠标和桌面是现在计算机的标准配置。它们最早出现在1983年的Lisa计算机*上。

*注：苹果出品的一款具有划时代意义的电脑。

9

敢问因特网来自何方？

万物始于微。因特网始于1969年的阿帕网。当时这个网络仅仅连接了4所美国大学，用于分享学术研究，并在战争或者自然灾害破坏了其他通信方式的时候提供应急通信。起初，它发展"龟速"，所有大学或者研究实验室连接的计算机都在各自很小的局域网络上。而阿帕网将这些分散的网络连接成一个互联的网络，所以人们便开始称它为"因特网"。如今，因特网铺满全世界，甚至延伸向太空！

1971年，人们第一次使用**电子邮件**(简称"电邮")。而电邮真正发展起来是到1973年，当年电邮占据阿帕网上75%的通信交通。现在每天有2060亿封电邮被发送，其中75%是垃圾邮件。

西海岸的大学　阿帕网　东海岸的大学

雪花纷飞的日子里，**你会做些什么**？1978年飘雪的日子里，沃德·克里斯坦森忙于搭建CBBS，一个可以让人们在线发布信息的电子公告牌系统。

博客和社交网络始于1980年的新闻组。新闻组是一个新闻共享系统，组里的成员可以发布以某些话题为中心的信息。

咖啡泡好了，我们去吧！

好的！

网络摄像机为人们观看玩耍中的熊猫，或者是行进中的火星漫游车提供了极大的方便。第一台网络摄像机安装在英格兰剑桥大学的一个咖啡厅里。

引领潮流：1976年，英国女王伊丽莎白二世成为第一位发送电子邮件的国家首脑。

出剑！

熬夜玩游戏现在可不是什么新鲜事。要知道，世界上第一款游戏可是纯文本的历险游戏，有骑士、战士和恶龙，你还得不停地打字输入。

宇航员约翰·格伦在"发现号"航空飞机上度过了他的77岁生日。美国总统比尔·克林顿向身处太空的约翰发送了一封"生日快乐"的电邮。

试想一下，你必须保证手机和平板电脑连着粗粗的电缆才能正常使用！那样的情景，你一定无法想象！好在它们是靠无线电波连接起来的，但是早期的计算机的确全部使用电缆连接。

"编织"网页

如今，万维网成为我们生活的中心，但这差一点儿就成为泡影！

万维网是英国科学家蒂姆·伯纳斯-李发明的。他当时就职于瑞典的CERN(欧洲核子研究组织)，为了和世界各地的同事方便地共享文件。1989年，他萌发了一个念头，想将不同网络计算机上保存的信息做成有链接的网页，并向上司申请是否可以让他进行研发。可上司对此毫无兴趣，并表示伯纳斯-李可以利用自己的时间去完成这个设想，但是这可不值得惊动CERN，因为这个想法太不成熟了。

如果你**看不见**这些网页，那它们还真是无用武之地了。在CERN，伯纳斯-李制作了一个浏览器来展示他的网页。马克·安德森和他的团队开发并于1993年发布了浏览器Mosaic，正是这款浏览器让网页深入人心。

你也能行！

孩童时期的蒂姆·伯纳斯-李用旧盒子制作玩具计算机。尝试用硬纸板制作你自己构思的计算机吧！看它能做些什么呢？

世界上**第一个网页**诞生于1991年，看起来相当简陋（上图），上面并没有手舞足蹈的熊猫。而且，它仅仅是一个文字链接的列表，这些链接分别指向另外25个网页。而如今,网上的网页数量有近10亿呢！

"**在线寻找你喜爱的乐队**"这个活动和网页同岁。网页上的第一张照片就是来自名为"Les Horribles Cernettes"的女子乐队,上传于1992年。

世界上**第一个搜索引擎**出现在1994年。那之前,只有列表和目录,使用时就好像在浩瀚的图书馆里寻觅一页纸。

13

互联网2.0：双向互动的网络

互联网一开始是单向的，就像电视或广播一样：专业人士把信息、图片和视频放在网上供我们查看。但现在所有的人都可以参与进来，互联网变得更加具有交互性。这就是"互联网2.0"，能让我们上传并分享文档和照片，写博客，分享视频，为维基百科写词条，对新闻发表评论，甚至制作自己的网站。（请阅读第28页"网络安全知识"）

每个人都可以成为制作和播放节目的电视台。如果你看到了什么奇妙的事，可以立即上传图片或视频和大家分享。如果你没法去北极玩，也可以欣赏别人上传的精彩内容。

这一切正在发生呢！

我可以向政府说说自己的想法！

你也能行！

你最感兴趣的东西是什么？海豚？音乐？汽车？上网找吧。搜索结果显示在第一页的内容可不够，更多精彩的信息在后面呢！往后翻页，你会找到很多超级棒的网站、论坛和博客。

互联网2.0对所有人开放。远离城市的人们也能追踪重要的事件，参与全球性的辩论。互联网赋予普通人展示和表达自己的机会。

无论你和朋友身在何处，**社交网络**都可以让你随时了解朋友的动态。

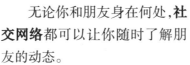

想成为舞蹈家或是音乐家吗？现在就开始吧。拍一段视频，展示一下自己的才华，开始网络明星之路吧。

我可不是唯一一个用毛线织章鱼的人。

甚至最古老的爱好，在网络上也有一席之地。整个世界都在网上，你可以找到和你志趣相投的人。

无论你遇到了什么问题，都可以上网找人聊一聊，网络上也有专业人士为你提供帮助和建议。

你被欺凌（欺负）了吗？

信息超载啦！

只要掌握了方法，你就可以在网络上找到任何信息。因特网可是人类历史上最棒的"图书馆"，而且是免费的！你根本不需要借书证。这个"图书馆"就在你的家中，在你的手机里。但问题是：任何人都可以在网上发布信息，其中有些信息是非常有价值的，但是另一些根本就是垃圾，甚至有的错误信息还会造成危害。

网络一直都在发展。到2010年，我们每两天在网络上发布的信息，赶上2002年全年发布的信息量了。你可没法紧跟所有的信息，想要找到自己需要的资源，还得熟练掌握搜索技巧。

原来如此！

当你需要查找信息时，搜索引擎会派出一个叫作蜘蛛的程序在网络间爬来爬去，自动搜集网上的信息，然后对有关信息进行索引。我们使用搜索引擎，得到的结果就是一个庞大的信息索引。

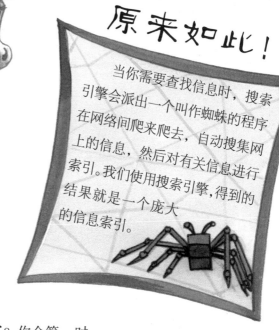

你想了解的**任何知识**，都可能在网上找到相关的网站。照着图片和视频去做会简单一些，而且你可以一遍又一遍重复播放，要知道大多数老师可没这个本事。

外星人入侵了？你会第一时间在网络上看到这类信息。新闻在网络上传播得特别快，而且可以立即更新。

公民记者是指那些在网络上报道和传播重要新闻事件的普通民众(右图)。你也可以成为公民记者。现在我们的报道可是覆盖了方方面面的。

这个食谱绝对有问题！

常识：如果哪条信息看起来有问题，就千万不要相信它。查一下其他的来源，看看它们是否一致。

即使你住在远离人群的地方，(下图)网络也是你触手可及的一所巨大学校。

它是个虚拟的世界

在万维网上还有另外一个世界（也可能是很多个）——虚拟的世界。你可以尽情玩那些设定在假想世界中的游戏，也可以在虚拟的环境中学习。这种学习比较安全。在现实中，你可不能把人体切开看看里面的构造，也不能随随便便学开飞机，在古埃及统治国家或是管理你自己的岛屿，但是在网上，这些事你都可以一一实现。

网络除了可供玩乐，还可以帮助飞行员在千里之外练习把飞机降落在真正的机场上，让外科医生可以依靠电脑屏幕和机器人给病人做手术。

让我们看看里面有什么……

虚拟货币能让你在网上购物——经常是虚拟的物品，比如说喂养怪兽宠物的食物。但要注意，买虚拟物品可千万不要超支哦。

在虚拟社会中**学习**真正的技能。实习医生可以不用真动刀就能研究人体的内部构造。

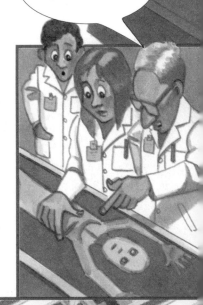

记住了,在网络外有一个真实的世界。在虚拟世界里玩乐、学习之余,要出去透透气,运动一下,这对你很有好处。

驾驶真飞机的感觉当然最棒,但驾驶虚拟飞机的感觉也不差哦。你可以学会所有的飞行技巧,而不用担心会伤害到别人。甚至,真正的飞行员都会先在飞行模拟器(左图)上模拟驾驶,然后才在真飞机上自由操作。

外科医生可以在近程或远程操控**机器人做手术**。当事故发生在海上或太空中,远在千里之外的医生就可以提供宝贵的远程医疗救助了。

冷静一下:即使是在虚拟世界中遇到了倒霉事也会让你大发雷霆。玩太多的暴力网络游戏对你可不好。

是时候休息一下了!

分享——这可由不得你选择

研究者们想要分享信息，于是因特网就诞生了。现在我们可以，而且也的确在分享几乎所有的东西。我们在社交网络上分享自己正在做的事情，分享我们的照片和视频。我们的个人信息被医疗机构、教育机构等放在网上，分享给那些需要的人。只是总感觉有人一直在监控着我们。这也太过分了吧？

分享是好事——但不要过度，我们也需要隐私。你做的一些事可能并不想和大家分享。那么，谁有资格拥有你的信息呢？谁又能看到这些信息呢？

把照片分享给你的朋友和家人感觉很棒，但要确保设置好隐私保护。

如果**你出了事故**，急救人员在现场就可以通过因特网查看你的健康信息。这或许能救你一命。

GREEN FIELDS SCHOOL

注意：不要在你发布的照片中暴露自己的家庭住址和学校信息。在网络上小心一点，现实世界里也可以省去不少麻烦。

一旦你把这张戴着水母帽的照片**发在网上**，可就没法撤销了，所以在分享之前要考虑清楚。没有经过别人允许，不能放别人的照片。你觉得搞笑好玩的照片，可能会让别人感到尴尬。

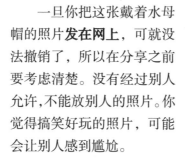

重要提示！

网络上有很多免费的音乐、电影和书，但有一些是盗版的（没有经过创作者的允许就窃取并发布）。下载这些资源是犯法的，而且偷取他人的成果对创作者也不公平。

网络会记住你浏览过什么，然后把这个信息分享给广告商。之后你可能会收到铺天盖地的广告。有些广告产品可能是你喜欢的，有些你可能不喜欢或者已经有了。

可以向人们展示你的能力。比如，有些乐队在网上发布免费的歌曲，可以为他们的现场演唱会招揽人气。

一些政府会监控网络，据称这样可以打击犯罪，保证公民的安全。但也有人称之为窥探隐私。

请在网上关注我们！

哦，我应该下载付费版本的。

不要下载盗版资源的另一个重要的原因：这些资源经常携带病毒，会损坏你的文件甚至是电脑操作系统。

啊啊啊！

21

地球村

我们的地球曾被称为"有线的世界"和"地球村",因特网将世界各地的人们联系起来,世界因此而变小,我们就像住在一个村子里的邻居:你坐在位于欧洲或是美国的家中,就可以查看澳大利亚海滩上的天气;身在中国的人可以和位于秘鲁的朋友聊天;你还可以在网上发起拯救犀牛或是给偏远山区供水的公益活动……想要看看世界另一端发生了什么,就跟你打开窗户看外面的风景一样,方便快捷。因特网让我们之间变得更紧密。

了解其他人的生活方式可以让我们变得更加包容。如果我们经常在网上了解其他人,跟他们沟通,我们就不大可能会相信一些歪曲他们的政治宣传。如果你和一个老伙计在网上比过谁捕的鱼更大,你很难去讨厌他吧。

很多亚马孙流域的印第安人都可以上网。

你看,这可比你抓的大多了。

现在人人都可以上传照片，网络时代无私密，一些坏事也无处遁形。这样可以让我们的世界变得更好、更安全。

普通人可以分享他们的经历。即使没有相机也没关系，现在总有人带着智能手机（下图）。

你也能行！

找到你比较关注的领域在网上开展的公益活动，为它做一些事情。如果没有的话，你就自己发起一个，你的参与真的可以起作用！

你上网看了吗？

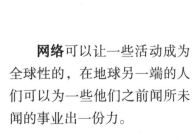

我们还没有电脑呢。

网上发生的事件**越来越多**，没有网络的人损失大了。对他们来说，获取信息、参与到这个世界中来越来越难。

商家在网上给出折扣，没有网的人可能错失良机，最后得多付钱。

网络可以让一些活动成为全球性的，在地球另一端的人们可以为一些他们之前闻所未闻的事业出一份力。

你愿意过没有网络的生活吗?

如果明天没有了网络，世界将会陷入一片混乱——银行、紧急救助、医疗、教育、娱乐都离不开因特网，就连把食物运进店里这样的事也得依靠网络。然而仅仅40年前，网络还只是被少数人用来做研究和做生意。

网络发展接下来的重头戏可能就是"物联网"了。越来越多的普通设备将连接网络，比如汽车，家里的空调暖气、安全系统。相关专家预测，到2020年将有500亿件不同的设备连接网络。如果利用网络可以控制任何东西，我们可真的不愿意过没有网络的日子!

欢迎回家!晚餐准备好了。♥

食物吃完会**自动下单**的冰箱怎么样?未来的厨房会不会永远都不缺牛奶?未来实体超市会不会消失?

可穿戴的智能装备可以将你的活动和健康状况上传至网络。它们仅仅是运动达人的装备吗?还是会成为流行的趋势?

试试看，一整天不上网——戒掉任何数码产品：没有网络，没有在线游戏、视频或者电视，没有社交网络。我们可能会问，那可怎么办？

智能住宅可以自己运转。你还在回家的路上，它们就自动开启供暖系统，在你出门时自动关灯。这可不仅仅是好玩，还很节约能源，所以对于整个地球来说也是好事。

拒绝访问

有的人不得不过没有网络的生活。一些国家禁止人们上网，因为他们的领导人可不想让他们看到其他国家的人是怎么生活的。

现在因特网也延伸到了太空。美国航空航天局的"深空网"可以和外太空的飞船连接。有些飞船甚至还有自己的社交网络主页呢！

术语表

3D printing **3D打印** 把电脑连接到3D打印机上,以模型文件为基础,运用塑料或者其他材料通过打印的方式来构造真实的物体。

ARPAnet **阿帕网络** 美国早期的电脑网络,后来发展成因特网。

Browser **浏览器** 可以展示网页并且与网页互动的程序。

Bulletin board (or web forum) **电子公告牌 (网络论坛)** 一种可以让人们发布新闻、发表看法并且回复的网站 (可以根据主题进行讨论)。

CERN 欧洲核子研究组织(瑞士日内瓦)。

Cloud storage **云存储** 把文件存储到连接网络的远程服务器上,而不是存在硬盘或本地网络上。

Data **数据** 原始信息,包括事实、数字、图片、声音、视频。

File **文档** 电脑里存储的文件,比如文本、图片、电子表格、视频。

Internet-enabled device **联网设备** 任何可以连接网络的设备,包括电脑、智能手机、网络照相机。

Microblog **微博** 一种分享简短实时信息的广播式的社交网络平台,信息一般不超过200个字。

Modem **调制解调器** 一种可以将电脑或者无线网络连接上互联网的设备。

Monitor **监控** 实时监测或跟踪。

Movable type **活字印刷** 一种比较古老的印刷术,通过使用可以移动的单个金属或木质字块进行印刷,印完后再将字模拆出,留待下次排印时重新组合再次使用。

Online **在线的** 连上网的或者可以从网上获取的。

Paramedic **急救人员** 擅长于紧急救助的医疗专业人士。

Platen **压印盘** 在印刷机中将纸压在涂墨字模上的扁平盘子。

Program **程序** 用电脑语言写出的一系列指令,告诉电脑要做什么。一些程序非常大和复杂,比如说图像处理软件和网络浏览器。

Propaganda **宣传(贬义词)** 一些有偏见的信息,目的是误导人们,让他们相信某种信息或者支持某个观点。

Quill pen **鹅毛笔** 用羽毛做成的笔。

Search engine **搜索引擎** 把网络上出现的文字都保存下来的一个庞大而完整的数据库,可以让我们通过它来找到特定主题的网页。

Social networking **社交网络** 使用社交媒体来和一大群人保持联系,或者分享东西,

一般是为了娱乐而没有商业目的。

Sumer **苏美尔** 已知最早文明的发祥地,位于中东,幼发拉底河和底格里斯河流域之间,在今伊拉克东南部。

Virtual **虚拟** 不是真实的,由电脑模拟出来,看上去比较真实而已。

Virus **病毒** 一种特别写入的程序,植入电脑或者网络后,盗取信息或让电脑网络无法正常工作。

Wearable computer **可穿戴智能设备** 像手表或者腕带等可穿戴的衣服或配饰,应用计算机技术可以连接网络。

Webcam **网络摄像头** 可以连接网络的摄像头或者相机,所拍摄的图片会即时上传到网页,人们可以及时看到。

Wiki **维基百科** 一个由公众搜集信息建成的网络百科全书,任何人都可以使用,并且随时加入新的信息。

网络安全知识

网络给你带来快乐的同时，也有危险伴随。按照下面的指示去做，可以确保你在网络上的安全。

• 千万不要在网上透露你真实的信息，比如姓名、住址或者学校等。

• 如果有任何人在网上对你说了让你觉得讨厌的话，或者看到让你感觉不舒服的东西，立刻告诉家长或老师。

• 不要发布任何可能会让你后悔的东西，比如说尴尬的照片、你做过的蠢事。这些信息会在网络上传播并保留几年之久。

• 不要在网上放任何会让别人感到尴尬的东西——这是网络欺凌。

• 在离开电脑前退出你的账户，这样你的账户就不会被盗用。

• 选择那些别人猜不出的密码，不要把密码写在别人能看到的地方。

• 永远不要和仅在网上相识的人见面。如果网友约你见面，一定要告诉父母或老师。要知道，在网上伪装自己可不是件难事，所以你根本不知道对方到底是什么样的人。

疯狂的因特网数据

● 网络上有将近 10 亿个活跃的网站。

● 世界上有超过 100 亿件联网设备（电脑、平板、手机等），但使用网络的人只有 30 亿。

● 每秒通过因特网传送的数据达到 2.6×10^4 GB。

● 庞大的数据中含有约 240 万封电子邮件，其中大多数是垃圾邮件。

● 某著名搜索引擎每小时的搜索量达到 1.73 亿次。

● 在很多国家，晚上 7 点到 9 点是网络高峰期。人们下班、放学回到家后，就有时间上网了。

● 因特网用户中说英语的有 8 亿人，说中文的有 7 亿人。此外，在网络上最常使用的两种语言是西班牙语和阿拉伯语，每一种各有 1.36 亿网络用户使用。

● 网络的发展非常迅速，上面的这些信息等你看到时，有些可能已经过时了。

他们这么早发图片，就是要避开高峰期啊！

你知道吗?

● 互联网不归个人所有，也不是由哪个人运作的,任何人都可以建网站或博客。没有人检查网上发布的信息是否真实准确。所以,你得靠自己来判断引用的来源是不是可靠。

● 我们使用的电力有 10% 是用来上网和保证网络正常运转的，但是网络又可以在很多方面帮助我们节约能源。所以,这对环境来说是好事还是坏事? 很难说!

● 世界上年龄最大的网民是凯瑟琳·杨,她 97 岁开始上计算机课,直到 104 岁去世前一直在使用网络。

● 电子邮件中的“@”符号在汉语中被称为“小老鼠”,在丹麦和瑞典语中被称为“大象的鼻子”,在德语里读作“蜘蛛猴”,意大利语称为“蜗牛”,在希伯来语中是“薄酥卷饼”,在捷克语中是“香料醋渍鲱鱼卷”。

● 某著名搜索引擎上可以选择的语言包括海盗语、科幻作品《星际迷航》中出现的克林贡语、古罗马人使用的拉丁语。

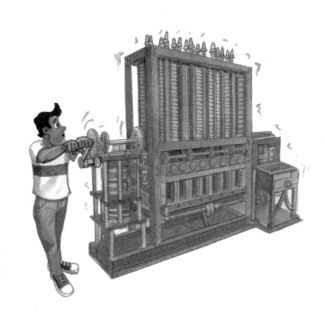

致　谢

　　"身边的科学真好玩"系列丛书在制作阶段,众多小朋友和家长集思广益,奉献了受广大读者欢迎的书名。在此,特别感谢蒋子婕、刘奕多、张亦柔、顾益植、刘熠辰、黄与白、邵煜浩、张润珩、刘周安琪、林旭泽、王士霖、高欢、武浩宇、李昕冉、于玲、刘钰涵、李孜劼、孙倩倩、邓杨喆、刘鸣谦、赵为之、牛梓烨、杨昊哲、张耀尹、高子棋、庞展颜、崔晓希、刘梓萱、张梓绮、吴怡欣、唐韫博、成咏凡等小朋友。